Hubert Reeves, Vulgarisateur et Visionnaire

À la Découverte de l'Étoile de l'Astrophysique

Par

Eric Kerascoët

Table des matières :

INTRODUCTION

L'univers, avec ses innombrables étoiles et galaxies, exerce une fascination intemporelle sur l'esprit humain. Au fil des siècles, des esprits curieux et déterminés ont cherché à percer les mystères de l'astrophysique, à comprendre les lois qui gouvernent l'univers, et à partager ces connaissances avec le monde. Parmi ces étoiles de la science, une brille particulièrement brillamment : Hubert Reeves, le vulgarisateur et visionnaire de l'astrophysique.

Hubert Reeves, bien plus qu'un astrophysicien de renom, était un conteur captivant. Il possédait le don rare de rendre l'astronomie et la physique accessible à tous. Avec son charisme et son érudition, il a réussi à éclairer les recoins sombres de l'univers pour un public diversifié, des chercheurs aux néophytes. Son travail n'était pas seulement de découvrir les secrets de l'univers, mais aussi de les partager avec un monde assoiffé de connaissances.

Dans ce livre, nous vous invitons à un voyage fascinant à travers la vie, la carrière et l'héritage d'Hubert Reeves. Vous découvrirez comment un jeune passionné d'astrophysique est devenu l'une des voix les plus influentes de la vulgarisation scientifique en France et au-delà. Nous explorerons ses contributions majeures à la science, sa passion inébranlable pour la transmission du savoir, et son rôle de visionnaire dans la lutte pour la préservation de notre planète.

Au fil des pages, nous rendrons hommage à l'éclat de cette étoile de l'astrophysique, en explorant son voyage intellectuel, ses réalisations scientifiques et sa quête inlassable de rendre la science accessible à tous. Vous découvrirez comment Hubert Reeves est devenu bien plus qu'un astrophysicien de renom, comment il est devenu un éducateur inspirant, un défenseur de la Terre, et un pionnier de la vulgarisation scientifique.

Rejoignez-nous alors que nous partons à la découverte de l'astrophysique à travers les yeux et la passion d'Hubert Reeves, un homme dont l'héritage continue d'illuminer les esprits curieux et d'inspirer les générations à venir.

Chapitre 1 : Enfance et Formation

Dans les étoiles, tout commence souvent par une petite étincelle, une curiosité qui brille dans les yeux d'un enfant. Pour Hubert Reeves, cette étincelle est née bien avant qu'il ne devienne un astrophysicien renommé et un célèbre vulgarisateur scientifique. Dans ce chapitre, nous remontons le temps pour explorer les racines de la passion d'Hubert Reeves pour l'astrophysique.

Rétrospective de la jeunesse d'Hubert Reeves

Hubert Reeves est né le 13 juillet 1932 à Montréal, au Canada, de ses parents, Arthur Melville Reeves et Marie Manon Beaupré. Son enfance a été bercée par la curiosité et l'exploration du monde qui l'entourait. Il a grandi dans un environnement où la musique était omniprésente grâce à sa mère, qui était une pianiste et violoncelliste talentueuse, et où le goût pour la science a été stimulé par les discussions animées de son père, un ingénieur et homme d'affaires respecté.

Les premiers signes de son intérêt pour l'astrophysique

Les premiers signes de la passion d'Hubert Reeves pour l'astrophysique sont apparus dès son enfance. À l'âge de neuf ans, il a reçu son premier télescope en cadeau. Cet événement a été un tournant dans sa vie, car il a été fasciné par les étoiles, les planètes et l'univers infini qui s'ouvraient à lui à travers l'objectif de son télescope. C'est à ce moment que son voyage vers une carrière en astrophysique a véritablement débuté.

Sa formation académique et ses premiers pas dans le monde de la recherche

Hubert Reeves a poursuivi sa formation académique au Canada. Il a fréquenté l'Université de Montréal, où il a étudié la physique et les mathématiques. Sa soif de connaissances l'a ensuite conduit à se spécialiser en astrophysique. Il a obtenu son doctorat en cosmologie à l'Université de Montréal, ce qui a marqué le début de sa carrière scientifique prometteuse.

Après l'obtention de son doctorat, Hubert Reeves a rapidement fait ses premiers pas dans le monde de la recherche en astrophysique. Ses premiers travaux ont porté sur la fusion nucléaire dans les étoiles et ont jeté les bases de ses futures découvertes et contributions majeures à notre compréhension de l'univers.

Ce chapitre nous plonge dans les racines de la passion d'Hubert Reeves pour l'astrophysique, de sa jeunesse éclairée par la curiosité à ses premiers pas dans le monde de la recherche scientifique, une étape cruciale de son parcours exceptionnel.

Chapitre 2 : Les Contributions Scientifiques

Hubert Reeves a laissé une empreinte indélébile dans le domaine de l'astrophysique grâce à ses recherches révolutionnaires et à ses contributions qui ont élargi nos horizons sur l'univers.

- **Les domaines de recherche majeurs d'Hubert Reeves en astrophysique**

La carrière d'Hubert Reeves a été marquée par une profonde immersion dans la nucléosynthèse stellaire. Il a consacré une grande partie de son temps à étudier les processus complexes de formation des éléments dans les étoiles. Ses recherches ont été axées sur les réactions nucléaires qui ont lieu au cœur des étoiles, produisant ainsi des éléments légers et lourds. Ses travaux ont jeté les bases de notre compréhension actuelle de la manière dont les étoiles forment les éléments chimiques qui composent notre univers.

Outre la nucléosynthèse, Hubert Reeves a exploré d'autres domaines fascinants de l'astrophysique. Il a contribué à l'étude des supernovae, des phénomènes cataclysmiques de l'explosion d'étoiles, et a apporté des avancées significatives dans notre compréhension des pulsars, des étoiles à neutrons et des trous noirs, ces objets énigmatiques de l'univers.

- **Ses découvertes et contributions à la compréhension de l'univers**

Les travaux d'Hubert Reeves ont abouti à des découvertes révolutionnaires dans le domaine de l'astrophysique. Parmi ses contributions notables, on peut citer son rôle dans la compréhension de la synthèse des éléments légers et lourds dans les étoiles. Il a élaboré des modèles théoriques qui ont permis d'expliquer comment des éléments tels que l'hydrogène, l'hélium, le carbone, l'oxygène et des éléments plus lourds se forment au cœur des étoiles.

Son travail a également éclairé les processus de fusion nucléaire dans les étoiles, décrivant comment elles évoluent au fil du temps, de la naissance à la fin de leur cycle de vie. Ses découvertes ont aidé à élaborer des modèles de l'évolution stellaire et à expliquer comment certaines étoiles se transforment en naines blanches, en étoiles à neutrons ou en trous noirs.

- **L'impact de son travail sur la communauté scientifique**

Les contributions d'Hubert Reeves ne se limitent pas à la recherche académique. Son engagement à partager ses idées et ses découvertes avec la communauté scientifique et le grand public a eu un impact significatif. Ses travaux ont influencé la recherche en astrophysique, ouvrant de nouvelles voies de compréhension de l'univers.

En tant que vulgarisateur scientifique passionné, Hubert Reeves a également laissé un héritage durable dans la diffusion de la science. Il a inspiré d'innombrables personnes à explorer les mystères de l'astrophysique et à partager leur amour de la science. Son travail a contribué à élargir l'accès à la connaissance scientifique, aidant ainsi à former une nouvelle génération de scientifiques et de communicateurs de la science.

Ce chapitre souligne l'immense impact des contributions scientifiques d'Hubert Reeves sur notre compréhension de l'astrophysique et l'influence durable de son travail sur la communauté scientifique et le public.

Chapitre 3 : La Passion de la Vulgarisation

L'astrophysique, souvent enveloppée de mystères et de complexités, est une discipline qui peut sembler hors de portée pour le grand public.

Pourtant, Hubert Reeves a embrassé la mission de rendre cet univers fascinant accessible à tous. Dans ce chapitre, nous plongeons profondément dans l'importance cruciale de la vulgarisation scientifique dans la carrière d'Hubert Reeves et comment il a réussi à rendre l'astrophysique non seulement compréhensible, mais également passionnante pour le grand public.

- **L'importance de la vulgarisation scientifique dans la carrière d'Hubert Reeves**

Dès ses premières années en tant qu'astrophysicien, Hubert Reeves a été animé par la conviction que la science doit être partagée. Il croyait que la science n'était pas la chasse gardée des scientifiques, mais qu'elle appartenait à tous. Cela a façonné son parcours, influençant ses choix professionnels et guidant ses engagements personnels.

Hubert Reeves a fait de la vulgarisation scientifique une mission à part entière, un engagement envers l'éducation du public. Nous plongeons dans les raisons qui ont motivé cette passion, de son désir de combler le fossé entre la science et le grand public à son engagement en faveur de l'accessibilité de la connaissance scientifique.

- **Ses ouvrages, conférences et émissions de télévision**

Hubert Reeves est devenu un écrivain prolifique, publiant une série d'ouvrages qui sont devenus des best-sellers. Nous examinons certains de ses ouvrages les plus influents, comme "L'Heure de s'enivrer" et "Patience dans l'azur". "L'Heure de s'enivrer" explore l'univers et notre place en son sein d'une manière poétique et philosophique, tandis que "Patience dans l'azur" plonge profondément dans les mystères de l'astrophysique. Ces livres ont laissé une empreinte durable dans le monde de la vulgarisation scientifique.

En plus de ses écrits, Hubert Reeves a sillonné le monde pour donner des conférences. Son don pour rendre les concepts astrophysiques compréhensibles a permis de toucher un large public, des étudiants en sciences aux curieux de tous âges. Ses conférences ont été des moments d'inspiration et d'éducation, captivant l'auditoire avec sa passion contagieuse pour l'astrophysique.

Hubert Reeves a également été un visage familier à la télévision, animant des émissions éducatives sur l'astronomie et la science. Ses apparitions télévisées ont contribué à démystifier l'astrophysique pour un public plus large, offrant une fenêtre sur les merveilles de l'univers.

- **Comment il a réussi à rendre l'astrophysique accessible au grand public**

Hubert Reeves avait un talent extraordinaire pour expliquer des concepts scientifiques complexes de manière simple et captivante. Il utilisait des analogies ingénieuses, des métaphores poétiques et un langage clair pour éclairer des phénomènes astronomiques.

Il racontait des histoires scientifiques qui éveillaient la curiosité et l'émerveillement, et il associait la rigueur scientifique à une approche pédagogique ludique. Ces méthodes ont contribué à ouvrir la science à un public plus large, inspirant des générations de passionnés de la science et suscitant un intérêt accru pour l'astrophysique.

En fin de compte, nous explorons l'impact durable d'Hubert Reeves en tant que vulgarisateur scientifique. Sa capacité à rendre l'astrophysique accessible a élargi l'accès à la connaissance scientifique, aidant à forger une culture scientifique plus riche et à inspirer un héritage d'apprentissage et de curiosité scientifique.

Chapitre 4 : La Transmission du Savoir

La carrière d'Hubert Reeves ne se limite pas à ses réalisations en tant que chercheur et vulgarisateur scientifique. Il a également joué un rôle essentiel en tant qu'éducateur et mentor, contribuant de manière significative à la formation des jeunes générations d'astrophysiciens et laissant un héritage durable dans l'enseignement de l'astrophysique.

- **Le rôle d'Hubert Reeves en tant qu'éducateur et mentor**

Hubert Reeves a été bien plus qu'un scientifique accompli ; il était également un éducateur passionné. Tout au long de sa carrière, il a consacré du temps et de l'énergie à partager son savoir avec les générations futures. Ses qualités de mentor ont été saluées par de nombreux jeunes astrophysiciens qui ont eu la chance de travailler à ses côtés.

En tant qu'éducateur, il a encouragé la curiosité, l'indépendance intellectuelle et l'innovation. Il a fourni des orientations précieuses, aidant les jeunes chercheurs à développer leurs compétences en recherche et à affiner leur compréhension de l'astrophysique.

- **Son travail auprès des jeunes générations d'astrophysiciens**

Hubert Reeves a travaillé avec dévouement pour encadrer les jeunes astrophysiciens. Il a pris sous son aile de nombreux étudiants en doctorat et chercheurs débutants, partageant avec eux sa riche expérience et sa connaissance profonde de l'astrophysique.

Son travail a consisté à superviser des thèses de doctorat, à collaborer sur des projets de recherche et à encourager la participation active des jeunes chercheurs dans la communauté scientifique. Il les a aidés à naviguer dans les défis de la recherche et à progresser dans leurs carrières.

- **L'héritage qu'il a laissé dans l'enseignement de l'astrophysique**

L'impact d'Hubert Reeves dans l'enseignement de l'astrophysique est significatif. Les chercheurs qu'il a formés ont continué à diffuser son approche pédagogique et sa passion pour la science, contribuant ainsi à l'héritage éducatif d'Hubert Reeves.

Son influence s'est étendue au-delà de l'enseignement académique traditionnel. Il a également participé à des initiatives éducatives visant à rendre l'astrophysique accessible au grand public. Son travail dans la vulgarisation scientifique a aidé à inspirer de nouvelles générations de jeunes scientifiques et de passionnés de l'astronomie.

Ce chapitre met en lumière le rôle essentiel d'Hubert Reeves en tant qu'éducateur et mentor, ainsi que l'héritage durable qu'il a laissé dans l'enseignement de l'astrophysique. Son engagement envers la transmission du savoir et l'encouragement des jeunes talents ont contribué à façonner l'avenir de la science et à inspirer ceux qui suivent ses pas.

Chapitre 5 : Engagements et

Prises de Position

Ce chapitre se consacre aux préoccupations environnementales et sociales d'Hubert Reeves, à son engagement en faveur de la préservation de la planète, ainsi qu'à ses prises de position sur des questions cruciales liées à la science et à la société.

- **Les préoccupations environnementales et sociales d'Hubert Reeves**

Hubert Reeves était un observateur attentif des défis environnementaux et sociaux auxquels notre planète est confrontée. Il a exprimé sa préoccupation quant au changement climatique, à la perte de biodiversité, à la pollution, et à d'autres menaces qui pèsent sur notre environnement et notre société. Il a utilisé son statut de scientifique pour sensibiliser le public à ces enjeux, mettant en évidence l'interdépendance entre la Terre et l'univers.

- **Son engagement en faveur de la préservation de la planète**

En tant que scientifique engagé, Hubert Reeves est passé à l'action. Il a soutenu de nombreuses initiatives liées à la préservation de l'environnement, participant activement à des campagnes de sensibilisation et plaidant en faveur de politiques environnementales plus strictes. Il a été un fervent défenseur de la protection des parcs nationaux, de la conservation de la nature et de la biodiversité.

Son travail en tant que défenseur de l'environnement a été remarquable, contribuant à l'avancement de la cause de la préservation de la planète.

- **Ses prises de position sur des questions clés liées à la science et à la société**

Hubert Reeves n'a pas hésité à partager ses points de vue sur des questions scientifiques et sociales cruciales. Il a abordé des sujets tels que l'éthique de la recherche scientifique, l'importance de l'éducation scientifique, et l'investissement dans la recherche fondamentale. Sa voix a également été entendue sur des questions mondiales, notamment la paix, les droits de l'homme, et la coopération internationale. Ses opinions ont été influentes et ont contribué à éclairer le débat public sur ces sujets essentiels.

Ce chapitre met en lumière l'engagement d'Hubert Reeves en faveur de la préservation de la planète et ses prises de position sur des questions clés liées à la science et à la société. Il montre comment son influence en tant que scientifique a été utilisée pour sensibiliser le public et promouvoir des changements positifs dans le monde.

Chapitre 6 : Les Récompenses et Reconnaissances

Ce chapitre met en lumière les nombreuses distinctions et récompenses qui ont jalonné la carrière d'Hubert Reeves, ainsi que son statut d'icône de la vulgarisation scientifique en France et à l'étranger.

- **Les distinctions et les prix reçus par Hubert Reeves tout au long de sa carrière**

Tout au long de sa carrière exceptionnelle, Hubert Reeves a été honoré par de nombreuses distinctions et récompenses prestigieuses. Parmi les plus notables figurent le Prix Jules Janssen de la Société astronomique de France, la Médaille d'or du CNRS (Centre national de la recherche scientifique), et le Prix Lavoisier. Ces reconnaissances témoignent de la valeur de ses contributions exceptionnelles à l'astrophysique et à la vulgarisation scientifique.

Hubert Reeves a également été élu membre de l'Académie des sciences du Canada, membre de l'Académie des sciences de l'Institut de France, et membre de l'Académie royale des sciences, des lettres et des beaux-arts de Belgique. Ces affiliations illustrent sa stature internationale en tant que scientifique émérite.

- **Son statut d'icône de la vulgarisation scientifique en France et à l'étranger**

Hubert Reeves est devenu une figure emblématique de la vulgarisation scientifique en France et dans le monde entier. Ses nombreux ouvrages de vulgarisation scientifique ont été traduits dans de nombreuses langues, touchant un public international. Ses talents de conteur et sa capacité à rendre des concepts complexes accessibles ont fait de lui un modèle pour les vulgarisateurs scientifiques du monde entier.

Il a été honoré par de nombreuses institutions et organisations pour son rôle essentiel dans l'élargissement de la diffusion de la science. Son impact sur la culture scientifique et son influence sur la société en tant que défenseur de la connaissance scientifique sont incontestables.

Ce chapitre révèle la reconnaissance exceptionnelle reçue par Hubert Reeves tout au long de sa carrière, ainsi que son rôle d'icône de la vulgarisation scientifique en France et à l'étranger. Son héritage en tant que scientifique et communicateur de la science reste vivant et inspirant pour les générations futures.

Chapitre 7 : L'Héritage d'Hubert Reeves

Ce dernier chapitre se penche sur l'héritage profond d'Hubert Reeves, en examinant en détail son influence continue sur la vulgarisation scientifique, l'inspiration qu'il a apportée à de nouvelles générations de scientifiques et de communicateurs, ainsi que les perspectives sur l'avenir de la vulgarisation scientifique en son honneur.

- **L'influence continue d'Hubert Reeves sur la vulgarisation scientifique**

Même après son décès, la contribution d'Hubert Reeves à la vulgarisation scientifique continue d'être ressentie à l'échelle mondiale. Ses livres restent parmi les ouvrages de vulgarisation scientifique les plus lus et appréciés. Son style d'écriture captivant et accessible continue d'inspirer de nombreux auteurs, journalistes scientifiques et vulgarisateurs.

Ses émissions de télévision, où il expliquait de manière engageante des concepts astronomiques complexes, sont encore diffusées, touchant de nouveaux publics et suscitant des vocations scientifiques. Son influence persistante se reflète dans le nombre croissant de chaînes YouTube, de podcasts et de blogs de vulgarisation scientifique qui s'efforcent de rendre la science aussi passionnante et accessible que lui l'a fait.

- **L'inspiration qu'il a fournie à de nouvelles générations de scientifiques et de communicateurs**

Hubert Reeves a eu un impact profond sur de nouvelles générations de scientifiques et de communicateurs de la science. Son engagement passionné pour la vulgarisation scientifique a inspiré de jeunes chercheurs à partager leur passion pour la science avec un public plus large. De nombreux enseignants ont également été influencés par son style d'enseignement axé sur l'éveil de la curiosité et de l'émerveillement.

Son travail a incité des communicateurs de la science à suivre son exemple, en adoptant des méthodes similaires pour rendre la science accessible. Sa capacité à expliquer des concepts complexes de manière simple et à raconter des histoires captivantes a été un modèle pour de nombreux vulgarisateurs, qu'ils soient sur scène, à la télévision ou sur Internet.

- **Les perspectives sur l'avenir de la vulgarisation scientifique en son honneur**

L'héritage d'Hubert Reeves se perpétue à travers diverses initiatives et fondations portant son nom. Ces organisations s'efforcent de promouvoir la vulgarisation scientifique en s'appuyant sur son exemple. Elles organisent des conférences, des ateliers éducatifs et des projets visant à rendre la science plus accessible au grand public, en mettant en avant sa passion pour l'astrophysique et son engagement en faveur de l'éducation scientifique.

De plus, des chercheurs, des enseignants et des communicateurs de la science continuent d'intégrer sa philosophie de la vulgarisation dans leurs activités. Ils aspirent à susciter l'émerveillement pour l'univers, tout en veillant à ce que la science demeure accessible à tous, perpétuant ainsi l'héritage de Hubert Reeves.

Ce chapitre illustre comment Hubert Reeves a laissé une empreinte indélébile dans le monde de la vulgarisation scientifique. Son influence continue d'inspirer et de guider de nouvelles générations de scientifiques et de communicateurs, tout en ouvrant la voie à un avenir prometteur pour la vulgarisation scientifique.

CONCLUSION

L'histoire d'Hubert Reeves, l'astrophysicien, vulgarisateur et visionnaire, est une source d'inspiration et d'émerveillement. Tout au long de ce livre, nous avons exploré la vie fascinante de cet homme qui a su éclairer les mystères de l'univers et les partager avec le monde d'une manière exceptionnelle. Sa carrière est un exemple éloquent de la façon dont la science peut transcender les frontières académiques pour toucher le cœur et l'esprit du grand public.

Hubert Reeves a commencé sa carrière en tant que jeune astrophysicien, affichant une curiosité inextinguible pour les étoiles et les galaxies. Il a développé son savoir de manière académique, contribuant de manière significative à la compréhension de l'univers et de ses mécanismes. Ses contributions scientifiques ont laissé une empreinte durable dans le domaine de l'astrophysique.

Cependant, ce qui distingue véritablement Hubert Reeves, c'est sa passion inébranlable pour la vulgarisation scientifique. Il a utilisé son don pour raconter des histoires, ses métaphores poétiques et son engagement en faveur de l'éducation pour rendre la science accessible à tous. Ses ouvrages, ses conférences et ses émissions de télévision ont inspiré des générations à explorer les merveilles de l'univers.

La carrière d'Hubert Reeves ne se limite pas à la science. Il a également été un ardent défenseur de l'environnement et un défenseur des droits de l'homme. Son engagement en faveur de la préservation de la planète a laissé une empreinte durable dans le domaine de la protection de l'environnement.

Son influence perdure même après sa disparition, en inspirant de nouvelles générations de scientifiques et de communicateurs de la science. Les initiatives et organisations qui portent son nom continuent de propager sa vision de la vulgarisation scientifique.

En fin de compte, Hubert Reeves, vulgaire de génie, reste une étoile brillante dans le firmament de la science. Son héritage perdurera, éclairant la voie pour tous ceux qui souhaitent partager la beauté de l'univers avec le monde et encourager une société curieuse et éclairée.

www.ingramcontent.com/pod-product-compliance
Lightning Source LLC
Chambersburg PA
CBHW060904260726
48661CB00008B/3452